しまねこ3姉妹と暮らしています

深まるきずな

Living with 3sisters of
Striped pattern cat
by Rui

類

Living with 3sisters of
Striped pattern cat

contents

chapter 1
3姉妹との日々

- オラオラ3姉妹 … 8
- 舞う季節 … 12
- くんくんガチャ … 13
- SOSの視線 … 14
- ごはん待ちスタイル … 18
- 好奇心がとまらない … 19
- スリスリにご注意 … 20
- 焼きたて○おしらせ … 24
- しまねこパン屋さん … 25
- 使ってくれてありがとう … 26
- バナナチャレンジ … 30
- シャッターチャンス … 31
- 3姉妹写真コラム❶ … 32

chapter 2
3姉妹のチャームポイント

- たのしい遊び方 … 36
- のび〜る3姉妹 … 40
- 羽のように舞い … 41
- ねこねこ寝る子 … 42
- ちょっと通ります … 46

chapter 3

3姉妹の深まるきずな

- もちもちチェック ... 47
- ほかほか攻撃 ... 48
- 濡れ衣なんです ... 52
- 嬉しっぽ ... 53
- かんちがい ... 57
- おひげレーダー ... 58
- とろける猫 ... 62
- 猫のおいしいとこ ... 63
- ハンモック四景 ... 67
- 3姉妹写真コラム❷ ... 68

- もし飼い主が病院チャレンジ ... 72
- 3姉妹とキッズたち ... 77
- 3姉妹と引っ越し ... 88
- 3姉妹写真コラム❸ ... 93
- 変わるものと変わらないもの ... 104
- 深まるきずな ... 106
- 3姉妹写真コラム❹ ... 116
- ... 122

chapter 1

3姉妹との日々

Living with 3sisters of Striped pattern cat

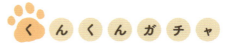

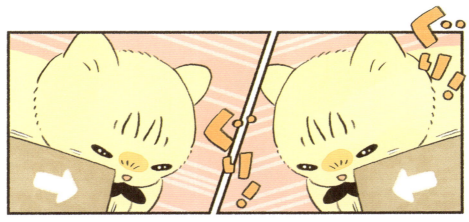

クロワッサン

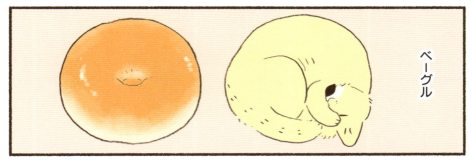

ベーグル

コッペパン

食パン

猫って四角くもなれるんだ

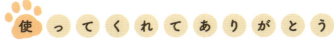

3姉妹写真コラム ①
Living with 3sisters of Striped pattern cat

猫たちとの暮らしは、毎日ハプニングの連続!?
日々のほっこり&面白い瞬間を秘蔵写真とともに紹介します。

仲がいいのか、悪いのか

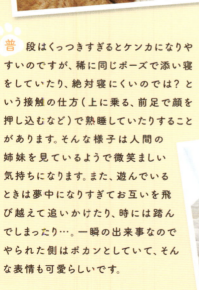

普段はくっつきすぎるとケンカになりやすいのですが、稀に同じポーズで添い寝をしていたり、絶対寝にくいのでは？という接触の仕方（上に乗る、前足で顔を押し込むなど）で熟睡していたりすることがあります。そんな様子は人間の姉妹を見ているようで微笑ましい気持ちになります。また、遊んでいるときは夢中になりすぎてお互いを飛び越えて追いかけたり、時には踏んでしまったり…。一瞬の出来事なのでやられた側はポカンとしていて、そんな表情も可愛らしいです。

必ず反応する言葉

同じポーズで言うと、お腹が空いたときの団結力にはいつも感心します。子猫時代はとにかく騒いで飼い主を起こしていたのですが、今は3匹揃って私の寝顔を見続けています。ときどきお互いの顔を見合わせ、また飼い主の顔を見て、まるで「遅いわね〜？ いつまで寝てるんでしょうね？」と愚痴り合っているようで面白いです。飼い主の「ごはん食べる？」と「おやつ食べる？」は認識できるので、これらの言葉を発したときに、どこからともなく集合する様子も見ていて楽しいです。

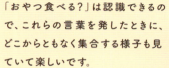

Living with 3sisters of
Striped pattern cat

chapter 2

3姉妹のチャームポイント

Living with 3sisters of Striped pattern cat

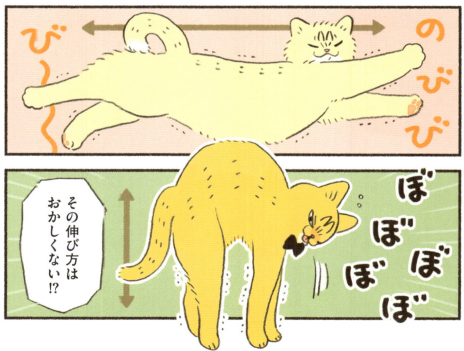

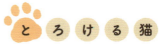

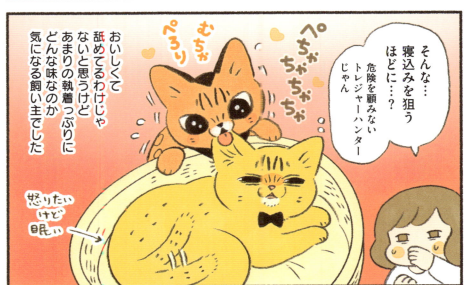

ハンモックの楽しみ方
①トラック野郎

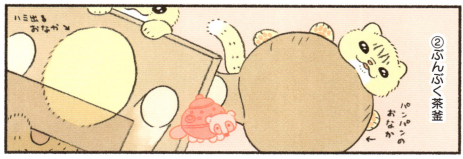

②ぶんぶく茶釜

③アダムの創造

④RPGのボスキャラ

先に左右の敵を倒さないと無限に回復するやつだ

3姉妹写真コラム 2
Living with 3sisters of Striped pattern cat

同じ猫でも、性格や魅力は三者三様。
それぞれのチャームポイントを秘蔵写真とともに紹介します。

やっちゃん

3姉妹の長女というポジションで妹分たちに対するプライドがあるのか、普段はクールにふるまっています。しかし本当は誰よりも甘えん坊で、ちーちゃんとももちゃんが離れたところで飼い主に熱烈アピールするツンデレさが魅力です。チャームポイントは、誰よりもふくよかなルーズスキンです。

ちーちゃん

ごはんを食べた後、必ずロフトベッドに登り、添い寝するまで子猫のような声で飼い主を呼び続けます。添い寝するときはフワッフワのほっぺを揉んであげるととても幸せそうな顔をして、見てるだけで飼い主も幸せになります。

ももちゃん

触られるのが大好きで、自分から頭を擦り付けたり、おしりを差し出したりする癖があります。飼い主が気づかないときは見つめながら前足でチョイチョイしてくるのですが、お口の三角模様がキョトン顔に見えてとても可愛いです。

Living with 3sisters of
Striped pattern cat

chapter

3

3姉妹の深まるきずな

Living with 3sisters of
Striped pattern cat

車で5分の距離だけど長く感じます

Living with 3sisters of
Striped pattern cat

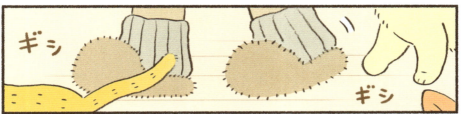

Living with 3sisters of
Striped pattern cat

3姉妹写真コラム 3
Living with 3sisters of Striped pattern cat

3姉妹ではじめての引っ越しは不安だらけ。
引っ越しの過程を秘蔵写真とともに紹介します。

大変だった引っ越し

引っ越し作業が終わるまでは実家で猫たちを預かってもらっていました。やっちゃんは3年以上過ごしていたこともあり、実家を覚えているようであちこち探索。ちーちゃんは1年もいなかったので忘れてしまったのか、お世話になった母を噛んでしまうほど怯えていたようです。ももちゃんはキャリーの外に出たものの、怖かったのかすぐにキャリーに戻り、自分で蓋をパタンと閉めて引きこもっていたそうです。好奇心旺盛な彼女からは想像できない行動に同情しつつも、つい笑ってしまいました。

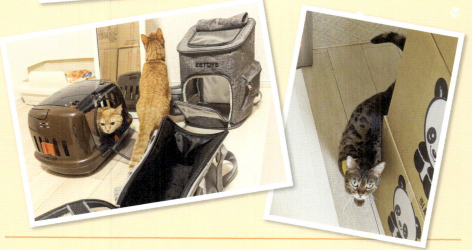

新天地にて

引っ越しの翌朝からは揃って窓の景色を眺めたり、毛繕いをしたりと、複数人(匹)で行動することが多く見られました。慣れない場所で怖いからこそ、長年一緒に暮らしてきた存在が安心材料になったのだと思います。以前の引っ越しよりも慣れるのが早かったのは、家族が増えたこともあるのかもしれませんね。引っ越したお家は清潔かつ静かな新築なので、猫たちものびのび健康に過ごせています。

変わるものと変わらないもの

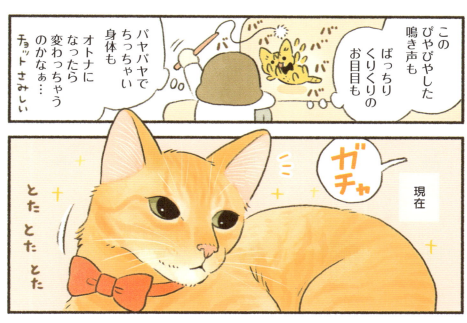

後日 誤食が原因とわかりました。ゴメンね…

ズッ友3姉妹

3姉妹写真コラム ④

Living with 3sisters of Striped pattern cat

長年一緒に暮らしているからこそ見える、猫たちの変化。
3姉妹のつながりを感じる瞬間を秘蔵写真とともに紹介します。

関係性の変化

今までは彼女たちの中で「飼い主の不在＝一大事」というイメージがあったのか、私が席を立つとどこまでも追いかけたり、出かけるとドアの前で帰宅を待っていたりすることが多かったです。しかし最近は、私が帰ってきても3匹揃ってお昼寝していて気づかない…というケースがぼちぼち見られるようになりました。飼い主としてはちょっぴり寂しいですが、みんなが「飼い主はいないけど他の2匹がいるから大丈夫！」と、お互いに安心感を抱くようになってきているようで嬉しいです。

猫たちのきずな

　この本ではももちゃんの体調不良を察知して、やっちゃんとちーちゃんがケアしてくれたお話を描きましたが、くしゃみが連続する様子を見て駆けつけたり、外から聞こえる音に警戒している子を毛繕いして落ち着かせたりなど、過去に似たようなエピソードがいくつもありました。いつも一緒にいるのはしんどいけれど、怖いときは一緒にいてほしいし、元気がなかったら駆けつけて寄り添ってあげたい。3匹の行動からそんな気持ちを度々感じていて、これからもその一瞬間を大切に見届けていきたいです。

あとがき

最後まで読んでくださりありがとうございました！

今作はしまねこ3姉妹の「深まるきずな」をテーマに、様々な思い出を描かせていただきました。
家族になって3年も経てば、これ以上関係の変化はないと思いますよね。「自分のきょうだいとこれ以上仲良くなれますか？」と聞かれたら、私なら困っちゃうかも。

しかし3姉妹は引っ越しを通じて変化を見せてくれました。なんて強い子たちなんでしょうか…"伸びしろの塊！"
コミュ障でリアルでもSNSでも消極的な飼い主はとても勇気をもらいました。

当分は引っ越しは考えていませんが、歳が歳なので生活がガラリと変わることが今後あるかもしれません。
しかしどんなことがあっても、3姉妹と共有し、3姉妹と乗り越えて歳をとりたいです。

しまねこ3姉妹の更なる成長を、読者の皆様と共に見守っていけたら嬉しいです。

類

STAFF

ブックデザイン ---- 名和田耕平デザイン事務所（名和田耕平+尾山紗希）
DTP ------------ サンシン企画
校正 ----------- 齋木恵津子
営業 ----------- 後藤歩理、大木絢加
編集長 --------- 斎数賢一郎
編集アシスタント --- 互 日向子
編集担当 -------- 吉見 涼

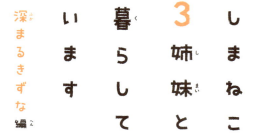

しまねこ3姉妹と暮らしています 深まるきずな編

2024年9月26日 初版発行

著者
類

発行者
山下直久

発行
株式会社KADOKAWA
〒102-8177　東京都千代田区富士見2-13-3
電話 0570-002-301（ナビダイヤル）

印刷所
TOPPANクロレ株式会社

本書の無断複製（コピー、スキャン、デジタル化等）並びに
無断複製物の譲渡及び配信は、著作権法上での例外を除き禁じられています。
また、本書を代行業者などの第三者に依頼して複製する行為は、
たとえ個人や家庭内での利用であっても一切認められておりません。

お問い合わせ
https://www.kadokawa.co.jp/
（「お問い合わせ」へお進みください）
※内容によっては、お答えできない場合があります。
※サポートは日本国内のみとさせていただきます。
※Japanese text only

定価はカバーに表示してあります。
©Rui 2024 Printed in Japan
ISBN 978-4-04-683931-2　C0095

『しまねこ3姉妹と暮らしています』類・著 発売中！

もちもちふわふわ3姉妹との日々は…

癒しと… ハプニングが!! いっぱい!?

KADOKAWAコミックエッセイ編集部の本

茶トラのやっちゃん
類

はじめての猫との生活に毎日が新しい発見ばかり！そしてやっちゃんと暮らしていくうちに家族にも変化が…。マイペースで大胆な行動を繰り返すおてんば猫・やっちゃんに振り回される日常を描いた猫コミックエッセイ！

茶トラのやっちゃんとちーちゃん
類

新たな茶トラ猫・ちーちゃんを保護することになり、やっちゃんにも異変が———。最初は大人しかったちーちゃんの覚醒、突然声が出なくなってしまったやっちゃん。2匹の茶トラの出会いと友情を描く猫コミックエッセイ第2弾！

茶トラのやっちゃんとちーちゃん
ベンガルのももちゃんもやってきた！
類

類さん、やっちゃん、ちーちゃん初めてのお引っ越しエピソードや、新しく家族になったベンガルのももちゃんも登場。猫3匹になって、よりさわがしくう楽しくなった日常を描く猫コミックエッセイ第3弾！